ENQUÊTE AGRICOLE.

DE LA NÉCESSITÉ

DE

RATTACHER A L'INSCRIPTION CADASTRALE

LA PREUVE DE LA PROPRIÉTÉ FONCIÈRE

M. TRÉMOULET,

NOTAIRE A VILLENEUVE-SUR-LOT PRÉSIDENT DE LA CHAMBRE DES NOTAIRES.

Extrait de la REVUE CRITIQUE DE LÉGISLATION ET DE JURISPRUDENCE.

PARIS

COTILLON, ÉDITEUR, LIBRAIRE DU CONSEIL D'ÉTAT,

24, rue Soufflot, 24

1868

Paris. — Imprimerie de GOUSSET ET C°, 26, rue Racine.

ENQUÊTE AGRICOLE.

DE LA NÉCESSITÉ DE RATTACHER A L'INSCRIPTION CADASTRALE
LA PREUVE DE LA PROPRIÉTÉ FONCIÈRE.

Dans la séance du Sénat du 6 avril 1866, à l'occasion d'un rapport de pétitions dont ils demandaient le renvoi au ministre compétent, MM. Tourangin et Bonjean démontrèrent la nécessité de faire servir le cadastre à l'établissement de la preuve de la propriété foncière. M. Bonjean fit valoir à l'appui de puissantes considérations et des faits nombreux et décisifs ; il ne put convaincre le Sénat, qui passa à l'ordre du jour.

Il faut cependant bien le reconnaître, il y a dans la constitution de la propriété foncière en France de telles anomalies, qu'il faudra aux plus savants et aux plus érudits de nos arrière-neveux, une grande sagacité pour expliquer comment, à une époque où l'on touche à peu près à tout, on s'est occupé si peu de la plus importante des réformes.

La France est un pays de petite propriété ; le morcellement y a même atteint des proportions exagérées, et la législation est conçue comme si le sol n'était possédé que par de grands propriétaires. Il résulte, en effet, de documents officiels, que les deux tiers des ventes sont de 200 francs en moyenne, et dans l'impossibilité bien évidente de supporter le coût des nombreuses et dispendieuses formalités qui leur sont imposées, en sorte qu'elles sont, on peut bien le dire, hors la loi.

Le Crédit foncier a été institué pour venir en aide aux cultivateurs, et naturellement aux plus besogneux, aux plus pauvres. Or son compte rendu, publié chaque année, constate que la moyenne de chaque prêt excède 50,000 francs, tandis que la moyenne des contrats d'obligations, en France, est au-dessous de 1,500 francs, et la moyenne de la moitié de 236 francs. C'est à peu près la même anomalie que si les monts-de-piété établis dans nos grandes villes étaient orga-

nisés de manière à ne pouvoir prêter que des sommes impor-
tantes et recevoir en gage que des objets de grande valeur,
des diamants, des voitures de luxe, par exemple.

Aussi les pétitions affluent au Sénat pour demander des
améliorations et des simplifications. Mais jusqu'ici elles n'ont
pas eu le don d'émouvoir la haute Assemblée et ont été très-
sommairement éconduites, tandis que d'autres questions, re-
lativement insignifiantes, donnent lieu à d'interminables débats.

Assurément, il ne peut entrer dans l'esprit de personne
d'accuser le Sénat de mauvais vouloir; aussi, recherchant les
motifs de cette indifférence apparente, j'ai cru pouvoir l'attribuer à la crainte de porter dans notre législation une perturbation profonde. Cette crainte est, du reste, partagée par
la plupart des jurisconsultes, et elle s'est manifestée avec un
caractère assez prononcé d'intolérance dans la discussion de
la loi sur la transcription, lorsqu'il a été dit « qu'il fallait,
avant tout, se garder de porter une main profane et sacrilége
sur le Code Napoléon. »

On conçoit, dès lors, combien les propositions, en apparence si radicales, de MM. Tourangin et Bonjean, avaient peu
de chance d'être accueillies.

Mais cet échec momentané ne paraît pas de nature à décou-
rager les deux honorables sénateurs. Loin de là; et comme si
l'obstacle était pour lui un nouveau stimulant, M. Bonjean a
pris hautement en main la direction de tous les efforts tentés
pour réaliser son programme. Son remarquable discours au
Sénat, tiré à dix mille exemplaires, a été adressé à toutes les
légations étrangères, et en France à la plupart des hommes
spéciaux, provoquant de toutes parts des adhésions et des
renseignements.

Sa tentative à l'étranger a pleinement réussi; il a obtenu
des renseignements précieux et, entre autres, celui-ci, qui
n'est pas de nature à flatter notre amour-propre national : c'est
qu'à l'aide du télégraphe un emprunt important a pu se faire
à New-York, avec hypothèque sur des propriétés situées en
Californie. L'affaire fut engagée, conclue, l'inscription prise
et l'argent livré le même jour. Combien de temps aurait-il
fallu en France? Je n'ose véritablement le consigner ici, on
m'accuserait d'exagération.

Mais son appel en France aux jurisconsultes et aux hommes spéciaux ne lui a pas donné les mêmes résultats; il est resté, du moins à ma connaissance, à peu près sans échos.

Or il est bien évident que si MM. Bonjean et Tourangin restent seuls, quelles que puissent être l'énergie de leurs convictions et l'autorité qui s'attache à leurs personnes, ils ne peuvent manquer d'échouer; ils seront réduits à l'impuissance, comme des généraux sans armées en face d'ennemis nombreux et déterminés.

Cette abstention des jurisconsultes sur cette question est d'autant plus extraordinaire que, depuis la loi sur la transcription, les travaux sur la question hypothécaire sont devenus très-nombreux. Il faut également l'attribuer à cette croyance, qu'une mesure de ce genre bouleverserait toute notre législation. Or c'est là une regrettable et injuste prévention; l'objet de ce travail est de le démontrer.

Nous croyons fermement que le système préconisé par MM. Tourangin et Bonjean est en parfait accord avec les principes fondamentaux de notre législation; cela nous a paru d'une évidence frappante, presque susceptible d'être prouvé avec la rigueur d'une démonstration mathématique.

I.

Le Code Napoléon a établi deux natures de biens, les meubles et les immeubles; par suite, suivant que les objets sont ou ne sont pas doués de mobilité et par une conséquence certainement exagérée de cette distinction, et bien que ses définitions soient les mêmes dans les deux cas, soit qu'il s'agisse de la preuve de la propriété, soit qu'il s'agisse du gage, soit qu'il s'agisse de la vente, il a établi une différence profonde et comme un abîme entre les uns et les autres.

Au point de vue de la théorie pure, établir une différence dans le droit sur une circonstance tout à fait extérieure et aussi insignifiante que la mobilité et l'immobilité, est à peu près aussi illogique que si elle était établie sur la couleur des objets et comme s'il y avait un droit spécial pour les objets de couleur rouge et un droit différent pour les objets de couleur verte.

Mais nous n'insistons pas là-dessus; nous allons examiner, au point de vue pratique, les conséquences de cette distinction.

La propriété mobilière, organisée pour ainsi dire d'après un seul article (en fait de meubles, la possession vaut titre, art. 2279 C. Nap.), marche et fonctionne sans embarras. Rien de plus facile que la vente d'un objet mobilier; rien de plus facile et de plus sûr qu'un emprunt à la Banque sur dépôt de valeurs. La propriété immobilière, que le législateur a entourée de tant de soins et de tant de sollicitude, ne peut se mouvoir qu'au milieu des embarras et des dangers.

En présence de ce contraste, il est bien permis de se demander si, tant au point de vue théorique qu'au point de vue pratique, il n'y aurait pas lieu de rechercher le moyen d'appliquer aux immeubles les principes et les règles qui ont si bien réussi pour les meubles.

Le problème posé en ces termes n'a pas encore été examiné par aucun jurisconsulte; voici comment il m'a paru être résolu.

La propriété mobilière résulte de la possession. Néanmoins, par une exception d'autant plus remarquable qu'aucune disposition de loi ne la consacre, toutes les fois que cette possession ne peut avoir lieu ou qu'elle est jugée insuffisante, *elle est remplacée par l'inscription*. Dans un voyage, par exemple, obligé de me séparer momentanément de mes effets pour les réunir aux autres bagages, il me suffit d'y *inscrire* mon nom pour établir mon droit de propriété et être autorisé à les réclamer.

Nous ne saurions trop appeler l'attention sur ce fait si simple, qui se dégage si spontanément de la nature des choses, car il renferme tous les éléments de la solution que nous cherchons.

C'est très-exactement la marche suivie pour les rentes sur l'État et les valeurs industrielles. Elles sont au porteur ou nominatives. Dans le premier cas, la propriété résulte de la possession du titre; dans le second cas, cette possession *a été remplacée par l'inscription* sur le titre même du nom de celui auquel il appartient.

Ce qui existe pour le droit de propriété existe aussi pour ses démembrements et ses diverses transformations. Ainsi

l'usufruitier d'une rente sauvegarde son droit par la possession, si la rente est au porteur; par l'inscription, si elle est
nominative.

Il en est de même en cas de mutation par suite de vente ou
par suite de décès; le droit du nouveau propriétaire résultera
aussi, suivant le cas, soit de la possession, soit de l'inscription de son nom.

Voilà donc ce qu'est devenue la propriété mobilière livrée
à elle-même. Elle s'est organisée, on peut bien le dire, toute
seule, et cette organisation a été si puissante qu'elle a suffi à
protéger tous les intérêts qui s'y sont confiés; si féconde en
ressources, qu'elle a pu se prêter sans effort à l'immense
mouvement de transactions dont nous sommes aujourd'hui
témoins, si parfaite que ce mouvement s'opère sans trouble et
sans dangers.

Cette organisation est-elle applicable aux immeubles?
Mieux que je ne saurais faire, les faits répondent à cette
question.

En Allemagne et dans une grande partie de l'Europe, la propriété immobilière est fondée sur l'inscription; c'est l'immeuble qui est désigné au bureau des hypothèques, et l'on inscrit en regard de cette désignation l'indication de tous les
droits qui le grèvent ou l'affectent. Il en résulte que d'un coup
d'œil on peut juger de la situation complète d'un immeuble,
l'acheter ou le recevoir en garantie avec toute sécurité; que,
par suite, la propriété immobilière a un mouvement aussi
facile et aussi sûr que la propriété mobilière parmi nous.

L'introduction de ce système en France a été, il est vrai,
déclarée impraticable par la plupart des jurisconsultes et par
le premier d'entre eux; mais, d'un autre côté, comme nous le
verrons, elle a été réclamée par des hommes éminents, qui
ont eu à s'occuper de cette question aux points de vue les plus
divers.

C'est là, du reste, la pensée qui a inspiré le législateur lorsqu'il a organisé le cadastre. Là aussi l'établissement de la
propriété a été fondé sur l'inscription : chaque immeuble est
désigné par un numéro distinct, et c'est celui dont le nom est
inscrit en regard de ce numéro que le percepteur considère
comme propriétaire, c'est à lui qu'il réclame le payement de
l'impôt.

L'impôt foncier est ordinairement à la charge du propriétaire, mais il peut être mis directement à la charge de l'usufruitier, du fermier, de l'emphytéote [1]. Dans ces cas, l'inscription au cadastre ne sera plus une indication du droit de propriété, mais bien de l'un de ses démembrements. L'administration de l'enregistrement considère l'inscription au cadastre comme une preuve suffisante du droit de propriété, et s'en autorise pour exiger le payement des droits de mutation.

Ainsi, même en France, au point de vue administratif et financier, l'inscription est susceptible d'indiquer non-seulement le droit de propriété, mais encore ses divers démembrements.

Il y a mieux : malgré sa répugnance, le législateur français lui-même a dû quelquefois lui faire place dans loi civile. Le Code de procédure exige que les immeubles expropriés soient désignés par les numéros du cadastre. Seulement, comme le législateur n'a pris nul souci de mettre le droit du propriétaire d'accord avec les matrices cadastrales, il arrive *très-souvent* qu'on oublie d'exproprier les terres appartenant au débiteur et qu'on exproprie celle du voisin.

Il en est de même dans les expropriations pour cause d'utilité publique. Le législateur considère comme propriétaire celui qui est inscrit sur la matrice cadastrale. Les travaux publics qui, depuis quelques années, ont pris en France une si grande extension, ont donné lieu à de fréquentes applications de cette règle ; elle n'a, pour ainsi dire, jamais donné lieu à des difficultés. J'ai trouvé néanmoins un cas où l'on avait exproprié et payé le mari, inscrit à la matrice cadastrale, pour un immeuble qui était propre et dotal à la femme. Celle-ci réclama. Un arrêt de la Cour de cassation, du 16 août 1865, lui donna tort. Cet arrêt porte textuellement qu'*en matière d'expropriation pour cause d'utilité publique, celui-là est légalement réputé propriétaire dont le nom est inscrit sur la matrice cadastrale.* N'est-ce pas là, nous le demandons, la méthode allemande toute pure, moins les garanties ?

Ainsi le propriétaire d'un immeuble ne peut pas dire : Je suis inscrit sur la matrice cadastrale, donc je suis propriétaire ; mais le percepteur lui dira : Vous êtes inscrit sur la

---

[1] Loi du 4 août 1844.

matrice cadastrale, donc vous êtes propriétaire, payez l'impôt. Le receveur de l'enregistrement lui dira : Vous êtes inscrit sur la matrice cadastrale, donc vous êtes devenu propriétaire, payez le droit et le double droit de mutation. L'ingénieur qui fera exproprier pour cause d'utilité publique dira aussi : Vous êtes inscrit sur la matrice cadastrale, donc vous êtes propriétaire ; je vais faire l'expropriation contre vous.

Or n'est-ce pas chose merveilleusement étrange que le législateur reconnaisse l'inscription au cadastre comme utile et suffisante pour me constituer propriétaire toutes les fois qu'il doit en résulter pour moi quelque charge, et la considère comme impraticable et refuse le droit de m'en prévaloir toutes les fois que je dois en tirer avantage? N'est-ce pas exactement comme si un facteur, en me remettant un paquet à mon adresse, me disait : C'est votre nom qui est inscrit, c'est donc vous qui devez payer les frais de port et de factage ; mais si vous voulez faire acte de propriétaire, exiger que je vous en fasse la remise, prouvez-moi qu'il vous appartient?

Si la preuve de la propriété foncière était basée sur l'inscription cadastrale, cette singulière anomalie ne se produirait pas. Loin de là, il y aurait harmonie complète entre le régime civil et le régime administratif et financier de la France.

Si les meubles et les immeubles étaient assujettis aux mêmes règles, il y aurait également harmonie entre diverses parties, aujourd'hui disparates, de nos Codes [1] ; il y aurait pour les immeubles cette sécurité et cette facilité de transactions qui existent pour les meubles.

Si le cadastre était tenu ainsi constamment au courant des moindres mouvements de la propriété foncière, il en résulterait pour lui une évidente et importante amélioration ; en outre, on ne serait pas dans la coûteuse nécessité de le refaire à nouveau tous les vingt-cinq ou trente ans, et de perpétuer ainsi une dépense qui s'élève déjà à plus de 300 millions.

En considérant toutes nos lois dans leur ensemble, il sera donc bien difficile de ne pas reconnaître que le système qu'on propose renferme les éléments d'une puissante et universelle harmonie, et qu'il faut une bien grande prévention pour le

---

[1] M. Demolombe, *Traité de la propriété*, p. 74.

repousser systématiquement comme ne renfermant que des éléments de désordre.

Mais notre intention est de restreindre cette étude au Code Napoléon, qui nous a déjà fourni dans l'organisation de la propriété mobilière un précieux précédent, car elle est identiquement la même que celle que nous proposons d'appliquer à la propriété immobilière.

II.

Deux différences fondamentales séparent le système allemand et le système qui nous régit.

Dans le système que nous nommons allemand pour nous conformer à l'usage, car il nous paraît devoir s'adapter beaucoup mieux que le nôtre au génie français, dans le système allemand, disons-nous, tous les droits sans exception qui grèvent un immeuble doivent être portés à la connaissance de tous par une manifestation publique.

Cette manifestation a lieu pour tous les droits d'une manière uniforme par une inscription prise sur l'immeuble lui-même.

Dans le système qui nous régit, ces deux points sont résolus par des principes contraires.

Et d'abord la manifestation, lorsque, par exception, elle est exigée, est variable dans sa forme ; c'est tantôt l'inscription, tantôt la transcription, mais toujours mise, non au compte de l'immeuble, mais au compte de la personne qui a concédé le droit ; ce qui est contraire aux principes du Code et la source d'inextricables difficultés.

C'est contraire aux principes du Code. Ainsi, par exemple, d'après l'article 2114 du Code Napoléon, l'hypothèque est un droit sur un immeuble ; l'immeuble est affecté à l'acquittement de l'obligation ; l'hypothèque doit suivre l'immeuble dans quelques mains qu'il passe.

Si l'hypothèque est un droit sur l'immeuble, si l'immeuble est affecté, c'est évidemment sur l'immeuble que doit reposer l'empreinte du droit et de l'affectation ; si le droit doit suivre l'immeuble dans quelques mains qu'il passe, c'est à l'immeuble qu'il faut le rattacher pour qu'il y ait, si nous pouvons nous exprimer ainsi, adhérence entre eux, pour qu'en passant dans d'autres mains l'immeuble y passe nécessairement avec les charges et les hypothèques qui l'affectent.

C'est de plus, disons-nous, la source d'inextricables difficultés.

L'individu *grevé* d'hypothèques, dit le législateur, doit être désigné par ses nom, prénom, profession et demeure.

Les noms, quelquefois dans la même famille, s'écrivent de plusieurs manières différentes; la mauvaise prononciation, dans les campagnes principalement, cause à cet égard une foule d'erreurs. Le prénom sous lequel une personne est connue est presque toujours différent de son véritable prénom. On change quelquefois de profession, souvent de demeure; en sorte que l'individu sur lequel on obtient, au bureau des hypothèques, des renseignements satisfaisants, peut être grevé sous une autre désignation.

III.

L'autre point sur lequel notre système diffère du système allemand, c'est que celui-ci exige la manifestation de tous les droits par un mode unique de publicité, tandis que le législateur français, prenant une voie diamétralement opposée, a cherché à établir pour chaque droit des formalités spéciales et des règles distinctes, et il est résulté une anarchie et une confusion telles qu'elles ont défié, jusqu'ici, tous les efforts des législateurs et des commentateurs.

Ces nombreuses distinctions, si embarrassantes au point de vue pratique, sont-elles au moins justifiées au point de vue du droit? Nous trouvons la solution de cette question dans l'article 544 du Code Napoléon, sur lequel nous croyons devoir appeler d'une manière spéciale l'attention du lecteur; il est ainsi conçu : *La propriété est le droit de jouir et de disposer des choses de la manière la plus absolue.*

Il en résulte que le droit de propriété comprend et résume tous les droits quelconques qui se réfèrent soit à la jouissance, soit à la disposition de la chose. La privation d'un seul de ces droits, quel qu'il soit, suffit pour empêcher le droit de propriété d'être complet, puisque celui sur la tête de qui il repose ne pourra pas disposer de la chose de la manière la plus absolue.

Si donc il existe sur ma propriété un sentier que je n'ai pas droit de fermer, un arbre que je n'ai pas droit d'abattre, une fleur que je n'ai pas droit de cueillir, mon droit ne sera plus entier et absolu; il sera divisé en deux parts, bien inégales sans doute, mais en deux parts bien distinctes, l'une qui reposera sur ma tête, l'autre qui reposera sur la tête de celui qui aura droit au sentier, à l'arbre, à la fleur.

D'après le Code forestier, le département de la marine a droit de choisir et de garder des arbres dans des coupes de bois d'une certaine catégorie. Cette mesure, justifiée par l'impérieuse nécessité de la défense nationale, a toujours été considérée comme une atteinte, nécessaire sans doute, mais une atteinte bien réelle au droit de propriété.

Si je constitue une hypothèque sur mon bien, il faudra que je respecte et fasse respecter le droit du créancier; je n'aurai plus, dès lors, le droit d'en disposer d'une manière absolue, je n'aurai donc plus une propriété complète, j'aurai une propriété démembrée.

Nous pouvons, du reste, invoquer à l'appui les plus graves autorités. D'après M. Valette, la pleine propriété est la réunion de tous les droits réels; il démontre, par suite, que l'hypothèque est un démembrement du droit de propriété. M. Troplong dit également : « Il a aliéné en ma faveur une *portion* de la propriété, puisqu'il m'a conféré un droit d'hypothèque. »

Ainsi, d'une part la propriété est la réunion de tous les droits réels; de l'autre, par une corrélation nécessaire et évidente, chacun de ces droits est une fraction du droit de propriété.

Ces droits sont en nombre infini. Depuis le droit de vue sur l'héritage voisin, qui effleure imperceptiblement le sol, jusqu'au bail emphytéotique, si absorbant qu'il ne laisse guère au propriétaire qu'un titre nominal, le droit de propriété peut être affecté en couches plus ou moins profondes. Déterminer *à priori*, dans une législation, tous les modes dont il peut être affecté, peut être aussi téméraire que de déterminer tout ce qu'un propriétaire peut faire de son bien; mais il est un caractère qui les distingue tous, qui les ramène tous à un type uniforme, pouvant être régi par une seule règle : c'est qu'ils sont tous un démembrement plus ou moins important du droit de propriété et qu'ils participent de sa nature.

Si tous les droits réels, et particulièrement l'hypothèque, sont des fractions du droit de propriété, c'est bien le cas, en effet, de leur appliquer ces paroles, dont M. Démolombe se sert à propos de l'usufruit et des servitudes : « L'usufruit et « les servitudes ne sont que des fractions du droit de pro- « priété, et il est inconcevable que toutes les parties soient « d'une autre nature que le tout. »

Du moment que tous les droits réels sont d'une même nature, pourquoi ne seraient-ils pas régis par la même règle? On voit que les principes de notre droit nous amènent facilement et sans effort à une règle simple et uniforme.

IV.

Pour connaître la nature de tous les droits, il nous faut donc, avant tout, examiner avec le plus grand soin la nature du droit de propriété, en étudier les caractères essentiels et constitutifs.

Le caractère essentiel et constitutif de la propriété, celui sur lequel on ne saurait trop insister, c'est la manifestation. Ce caractère a été complétement méconnu par notre Code dans l'organisation de la propriété immobilière, car elle peut exister et existe en effet sans manifestation et sans preuve. C'est là le vice capital de notre législation, nous ne saurions le proclamer assez hautement, car c'est la source d'où découlent fatalement toutes les difficultés.

Le droit de propriété n'a jamais pu se constituer nulle part, sur quoi que ce soit, sans le secours de la manifestation.

Nous invoquons, à l'appui de cette assertion, les exemples choisis par le plus illustre de nos maîtres.

La branche de corail que la mer rejette sur ses bords appartient sans doute au premier qui la trouve, mais si le premier qui la trouve ne fait aucun geste, aucun mouvement qui indique de sa part la pensée de se l'approprier, si même il la rejette après l'avoir ramassée, n'est-il pas de la dernière évidence qu'il ne pourra jamais constituer à son profit un droit de propriété, et que la branche de corail appartiendra à celui qui la trouvera après lui et manifestera par l'occupation l'intention de se l'approprier?

M. Troplong cite un autre exemple : « Je me présente sur « une plage déserte et je trace un sillon pour fixer la limite de

« la terre vacante sur laquelle j'entends m'établir ; aussitôt je
« puis dire ceci est à moi, etc.... » Mais si, au lieu de marquer sur le sol lui-même la manifestation du droit que je veux
constituer à mon profit, je me borne à former un projet d'établissement sans qu'aucun acte extérieur trahisse ma pensée ; si même, après avoir tracé la limite, j'abandonne les lieux
pour choisir un site plus à ma convenance, il est encore de la
dernière évidence que, comme la branche de corail, le terrain appartiendra à celui qui viendra l'occuper après moi.

Il résulte de ces exemples, que nous pourrions multiplier à
l'infini, que le droit de propriété ne peut se constituer définitivement sans une manifestation sur la chose même, et que
cette manifestation doit être durable et permanente. C'est là,
suivant nous, un principe d'une vérité absolue, et nous persis-
terons dans cette manière de voir tant qu'on ne nous aura pas
cité au moins *un cas* où la propriété se soit produite dans d'autres
conditions.

Si la manifestation est une condition substantielle du droit
de propriété, elle doit, par la plus rigoureuse des conséquences,
se retrouver dans chacun des éléments qui la constituent ; elle
doit apparaître à chacune de ses phases et de ses transformations ; et c'est en effet ce qui a lieu, comme nous aurons occasion de le démontrer surabondamment.

<h3 style="text-align:center">V.</h3>

On voit que sans exercer une trop forte pression sur le Code
Napoléon, en nous appuyant uniquement sur la définition qu'il
donne du droit de propriété, il est facile d'en extraire la substance même qui a servi à la formation des législations alle-
mandes, c'est-à-dire la nécessité pour tous les droits immo-
biliers d'une manifestation sur l'immeuble.

Il est un peu singulier de voir que ce principe d'égalité
absolue entre tous les droits, si nettement formulé et appliqué,
nous vienne de la féodale Allemagne où existe l'inégalité des
droits politiques et qu'il soit repoussé par la France égalitaire.
Au point de vue du droit pur, il est inattaquable ; au point de
vue de la pratique, il nous fournit le moyen d'organiser un
mécanisme d'une grande puissance et d'une grande simplicité.

Si, comme nous croyons l'avoir démontré, tous les droits qui frappent un immeuble sont des démembrements ou des fractions du droit de propriété, il en résulte cette conséquence importante que la fraction détachée du droit de propriété n'est plus dans le domaine du propriétaire primitif qui, par suite, n'a plus d'action ni de prise sur elle, et que, par contre, celui à qui cette fraction est dévolue dans la limite, bien entendu, de son titre et de son droit, peut en jouir et disposer de la manière la plus absolue, comme le propriétaire lui-même, exactement comme si l'on avait détaché d'un domaine, pour la lui vendre, une parcelle de terre.

C'est ainsi, du reste, que le Code Napoléon a procédé pour un des démembrements les plus importants du droit de propriété, l'usufruit. L'usufruitier peut vendre, céder, échanger et hypothéquer son droit, absolument comme le propriétaire. Ce dernier peut, de son côté, vendre, céder, échanger et hypothéquer le sien. Mais chacun sera restreint dans la limite de son droit. Il paraîtrait choquant au delà de toute expression que l'usufruitier pût, en quoi que ce soit, disposer de la substance de la chose ou le propriétaire d'une part quelconque de l'usufruit. Une loi qui conduirait à de pareils résultats serait une cause évidente de perturbation et la négation même du droit de propriété.

Or c'est précisément dans cette voie injuste et dangereuse que le législateur s'est témérairement aventuré, et sans la moindre hésitation.

Ainsi, je suppose, j'hypothèque ma maison pour garantir le remboursement d'une somme prêtée ; je consens, par suite, que dans le cas de vente le prix de la maison soit affecté en première ligne à ce remboursement. C'est une convention que j'ai parfaitement le droit de faire puisque, propriétaire de la maison, je puis, aux termes de l'article 544, en disposer de la manière la plus absolue. C'est donc une convention parfaitement licite que le législateur devrait couvrir de toute sa protection ; loin de là, il a organisé cinq catégories d'intéressés dont les droits, quoique survenus postérieurement à l'hypothèque, ont la préférence sur elle.

Voilà donc le droit de propriété violé dans la personne du débiteur qui, en réalité, n'est pas maître de disposer de la chose de la manière la plus absolue ; violé dans la personne du créancier entre les mains duquel on vient rechercher violemment, arbitrairement, pour le restreindre et l'anéantir, un droit qu'il tenait de celui qui pouvait disposer de la chose de la manière la plus absolue.

Jamais le législateur ne serait tombé dans de pareilles anomalies s'il s'en était tenu strictement au droit de chacun; mais comme nous allons le voir, il s'est séparé ouvertement du droit et ne s'est préoccupé que des intérêts.

VI.

Que dirait-on d'un marchand qui, suivant le plus ou moins d'intérêt que pourraient lui inspirer ses clients, userait à leur égard de divers poids et de diverses mesures?

Que dirait-on d'un juge qui, suivant le plus ou moins d'intérêt que pourraient lui inspirer les justiciables, rendrait plus rigides ou ferait fléchir les dispositions de la loi?

Or qu'est-ce que le législateur, si ce n'est le juge anticipé et par voie de réglementation de tous les droits et de tous les différents? Il applique à la généralité des faits la loi naturelle comme le juge aux faits particuliers, la loi écrite. Il devrait, par conséquent, se préoccuper uniquement des droits de chacun et nullement de l'intérêt que chacun d'eux peut lui inspirer.

Cette marche si morale, si logique et si sûre, il l'a complétement dédaignée. En invoquant tour à tour l'intérêt des mineurs et des femmes mariées, l'intérêt des créanciers et des débiteurs, l'intérêt des vendeurs et des copartageants, l'intérêt de l'État, etc., etc., il s'est, en définitive, inspiré de cette règle que l'intérêt doit donner la mesure du droit, règle qu'il suffit d'énoncer pour réfuter, car elle est la négation même du droit, car elle aboutit promptement et fatalement à celle-ci qu'il n'y a d'autre droit que la force.

Non-seulement le législateur s'est engagé dans une voie injuste, mais il s'est créé, et comme à plaisir, d'inextricables difficultés; car si le droit est immuable et se prête à l'établissement d'une règle fixe, les intérêts sont variables et changeants. Tel intérêt qui, dans une circonstance donnée, peut paraître mériter toute la bienveillance et toute la sollicitude du législateur, peut ne lui paraître mériter qu'une protection secondaire dans une autre; aussi cette sorte de hiérarchie établie par le législateur entre les divers droits est-elle constamment bouleversée. Nous aurions trop à faire de passer tous les droits en revue; nous nous bornerons à dire quelques mots du privilége du vendeur.

Assurément il n'est rien de plus respectable et de plus sacré que ce privilége. Le vendeur qui livre sa chose à la charge d'en recevoir le prix, ne la livre pas complétement; il garde sur elle un droit de gage : c'est un démembrement ou une fraction de son droit primitif dont il ne s'est jamais dessaisi. La propriété n'a jamais entièrement reposé sur la tête de l'acquéreur. Aussi les droits des femmes mariées et des mineurs que le législateur entoure de tant de sollicitude et, à plus forte raison, ceux des créanciers inscrits, sont subordonnés au privilége du vendeur. Pendant vingt-neuf ans celui-ci peut laisser sommeiller son droit, peut se dispenser de remplir aucune formalité, que le jour où il se présentera il occupera la première place. Tout à coup cette situation si considérable est renversée au profit du tiers acquéreur qui a fait transcrire, au profit des créanciers d'une faillite et des créanciers d'une succession bénéficiaire, c'est-à-dire au profit d'intéressés dont le législateur, dans les autres cas, s'est montré médiocrement soucieux.

Voilà tout d'abord au point de vue des tiers une grande contradiction avec la pensée dominante du législateur, qui a proclamé si haut la nécessité d'accorder aux femmes mariées et aux mineurs la préférence sur les créanciers et les tiers acquéreurs.

Puis au point de vue du vendeur, il y a une situation dont on ne saurait assez signaler la bizarrerie et l'injustice. La loi fixe à quarante-cinq jours le délai qui lui est accordé pour inscrire et conserver son privilége. En nous réservant d'examiner si la fixation d'un délai ne contient par un véritable abus de pouvoir, ce droit et ce délai, tels qu'ils sont, appartiennent au vendeur. Lorsqu'il a transmis son droit de propriété, il ne l'a pas transmis en entier, il en a réservé, ou mieux encore la loi en a réservé pour lui une fraction; seul il doit en avoir la libre et entière disposition. Comment peut-il se faire que ce droit et ce délai lui soient enlevés, sans son con-

2

sentement, malgré lui ? Et c'est cependant ce qui a lieu. Si son acquéreur tombe en faillite, s'il vient à décéder et que sa succession soit acceptée sous bénéfice d'inventaire, le délai peut être réduit à quinze jours ou même complétement supprimé.

C'est là une injustice bien évidente ; c'est ensuite la source de telles difficultés que nos principaux auteurs diffèrent complétement sur la marche à suivre.

Deux éminents professeurs de la Faculté de droit de Paris, MM. Valette et Duverger, ont engagé à ce sujet une longue et savante controverse.

Voici comment s'exprime M. Valette : « Nous voulons bien « perfectionner la loi nouvelle et mettre plus d'harmonie dans « ses dispositions relatives au droit du vendeur ; mais pour « cela nous prenons un moyen tout opposé à celui qu'on nous « indique, nous retranchons ce que notre collègue veut « compléter... »

M. Duverger répond de son côté : « Plus j'ai creusé mon « sujet, plus ma conviction s'est raffermie. »

M. Mourlon, après avoir défendu les doctrines de M. Valette, s'est rangé du côté de M. Duverger.

Sur la question du renouvellement, M. Paul Pont pense que l'inscription prise d'office pour la conservation du privilége du vendeur n'a pas besoin d'être renouvelée. M. Flandin, après avoir soutenu la même opinion, se range à l'opinion contraire qui est, du reste, partagée par la presque unanimité des auteurs.

Lorsqu'il se produit de telles divergences parmi les princes de la science, on peut juger dans quelles perplexités doivent se trouver de simples praticiens.

Toutes ces difficultés disparaîtraient sans laisser aucune espèce de trace dans la méthode que nous avons indiquée, et qui consiste à considérer le privilége du vendeur ainsi que les autres droits comme une fraction complétement séparée du droit de propriété. Il en sera exactement dans ce cas comme dans celui où le vendeur a fait réserve de l'usufruit de son bien. Est-ce que dans ce cas, sans un révoltant abus de pouvoir, le législateur pourrait augmenter, diminuer, restreindre et détruire l'usufruit réservé ? Considérer le vendeur comme complétement dessaisi par le fait de la vente qui explique précisément le contraire, et lui imposer des formalités et des délais pour reprendre et replacer sur sa tête cet usufruit qu'en réalité il a toujours conservé ?

Tout cela est impossible et absurde, et c'est cependant ce qui existe pour le privilége du vendeur; il n'est donc pas étonnant que nos plus savants jurisconsultes aient été mis en désarroi et soient si embarrassés pour retrouver les véritables principes du droit dans des dispositions qui en sont la plus évidente et la plus complète négation.

Si le législateur veut rentrer dans la vérité, il faut qu'il cesse de se laisser dominer par cette diversité d'intérêts, injuste dans le fond, impraticable dans la forme, et en définitive plus apparente que réelle; il faut que, s'inspirant du génie de la nation qui a eu l'honneur d'inaugurer le système métrique, il proclame pour tous les droits l'application d'une idée vraiment française : *l'unité de poids et mesures*.

C'est là, du reste, l'aspiration du Code Napoléon ainsi que le constatent ces belles paroles de son plus éloquent interprète : « Il a été donné au Code Napoléon de résumer les der-« niers progrès de la philosophie du droit en effaçant pour « toujours toutes les distinctions qui ne sont pas fondées sur « la nature, et en voulant que *l'égalité* soit désormais la règle « des propriétés comme la règle des personnes. » (Troplong.)

Nous applaudissons de grand cœur à ces paroles; elles marquent nettement le but auquel doit tendre le législateur : seulement on nous permettra de dire, et nous croyons l'avoir démontré clairement, que ce but n'est pas encore atteint.

VII.

Quelle sera maintenant la forme de cette manifestation qui résulte primitivement de la possession et qui, d'après nous, est une condition substantielle du droit de propriété et de tous ses démembrements quels qu'ils soient?

Ici, on nous permettra d'invoquer l'autorité du plus grand de tous les jurisconsultes, de celui-là même dont on a dit qu'il avait plus d'esprit que Voltaire, c'est-à-dire l'autorité de tout le monde.

D'après ce jurisconsulte, cette manifestation a lieu par l'inscription du nom de celui à qui le droit appartient sur la chose même qui fait l'objet de ce droit. Ainsi, dans un voyage, il me suffit d'inscrire mon nom sur une malle pour être en droit de la réclamer, pour pouvoir dire : C'est mon nom qui est inscrit, donc ceci est à moi.

Partout où un droit existe, on peut être sûr de retrouver cette forme.

On la retrouvera dans le droit commercial où l'inscription du nom de l'expéditeur et du destinataire ou bien leur marque sur les objets expédiés est la garantie et la sauvegarde de leurs droits ;

Dans le droit politique, où l'inscription sur la liste électorale confère le droit de voter;

Dans le droit international, lorsqu'une nation arbore son drapeau sur une contrée conquise, n'est-ce pas encore comme si elle y apposait sa marque ? Ce signe ne dit-il pas dans un langage intelligible pour tous : Ceci est à moi.

J'entre pour la première fois dans une ville et je vois ce mot, mairie, inscrit sur un édifice, et à l'instant même, sans avoir besoin d'autre renseignement, j'ai la conviction que c'est là la maison commune ; si quelqu'un me proposait de me la vendre, hypothéquer ou louer, ce seul mot me mettrait suffisamment en garde. Ce mot est pour moi plus qu'une simple indication, il est aussi l'expression d'un droit; du moment, en effet, que c'est une maison commune, j'ai le droit d'y pénétrer, j'ai le droit d'assister à un mariage qui, d'après la loi, doit y être célébré publiquement.

Il en est de même si, au lieu du mot mairie, je lis ces mots : palais de justice. J'ai le droit d'y pénétrer, d'assister aux audiences.

Le nom d'un peintre inscrit sur un tableau m'indique qu'il en est l'auteur. J'ai sous les yeux un Traité de la propriété, où M. Demolombe signale et critique la différence établie par la loi entre les meubles et les immeubles. Je vois à la première page que M. Demolombe en est l'auteur, que l'œuvre et la conception lui appartiennent; que MM. Durand et Hachette, éditeurs, en ont la propriété industrielle ; une simple note constate que cet exemplaire m'appartient.

Voilà donc trois droits de natures bien diverses, constatés au moyen de l'inscription en quelques mots, et si bien constatés que la personne la plus étrangère aux premières notions de droit s'en rend un compte parfaitement exact.

En discutant sur l'origine de la propriété, Cicéron compare la terre, aux époques primitives, à un vaste théâtre où chaque spectateur prend, par l'occupation, la place qui lui est propre.

Ici encore, la possession est remplacée par l'inscription. Dans un théâtre, les loges réservées sont protégées contre tout empiétement par l'inscription. Il me suffit, en effet, de voir inscrits sur une loge ces mots : Loge de la mairie, loge de la préfecture, loge louée, pour m'abstenir d'y pénétrer.

Ainsi il suffit d'un mot inscrit pour sauvegarder le droit, quelquefois même des seules initiales. Dans les familles, par exemple, la propriété du linge est sauvegardée par les initiales de celui à qui il appartient.

Telle est donc la puissance et l'énergie de l'inscription, qu'il lui suffit de toucher, d'effleurer un objet, pour se l'approprier, pour le marquer d'un sceau indélébile, pour le rendre en quelque sorte sacré. Mais si elle se manifeste sous la forme la plus simple qu'il soit possible d'imaginer, elle se prête aux combinaisons les plus variées, elle se plie à toutes les exigences, elle est susceptible de tous les perfectionnements.

Ces perfectionnements deviennent surtout nécessaires lorsque le mouvement de la propriété est rapide et multiplié, lorsque les objets qu'il s'agit de distinguer entre eux sont en quantités si considérables qu'il y aurait à peu près impossibilité de les reconnaître. Alors s'est présentée naturellement l'idée de les distinguer entre eux par un numéro d'ordre, et de faire porter l'inscription sur ce numéro si facile à retrouver.

Ainsi l'inscription de mon nom sur mes bagages suffit à constater mon droit; mais cette méthode a été jugée insuffisante pour le service des bagages sur les chemins de fer, on l'a remplacée par une méthode qui consiste à donner à chaque objet un numéro distinct, et c'est ensuite ce numéro, aux mains du propriétaire, qui autorise celui-ci à le réclamer. Il en est de même aux portes des édifices publics, lorsqu'il est nécessaire d'y déposer une canne, un manteau, etc.; on marque chaque objet d'un numéro, et c'est ce numéro, aux mains du propriétaire, qui autorise celui-ci à réclamer l'objet qu'il a déposé.

Il en est de même des rentes et des pensions sur l'État, où l'inscription se rapporte à un numéro d'ordre.

Il en est de même pour les obligations et les actions nominatives des chemins de fer.

Il en est de même au cadastre, où chaque parcelle est désignée par un numéro d'ordre et l'inscription faite sur ce numéro.

Il en est de même sur les listes électorales, où l'inscription a lieu également à l'aide du numéro d'ordre.

Il en est encore de même au théâtre, lorsqu'on veut assurer à chaque spectateur une place paisible et incontestée : on marque chaque place d'un numéro, puis on remet à chaque spectateur le numéro de la place qu'il doit occuper.

En résumant les diverses phases par lesquelles passent la propriété et les droits de toute nature qui en découlent pour arriver à une manifestation parfaite, nous voyons qu'elle se manifeste par la possession, par l'inscription, et enfin, comme dernier perfectionnement, par l'inscription au moyen du numéro d'ordre.

Ainsi, si l'on remonte à l'origine de l'hypothèque, on voit qu'elle résultait de la possession ; le créancier qui recevait un immeuble en gage se mettait en possession de l'immeuble. Plus tard, lorsqu'il fallut remplacer cette possession incommode, on eut recours à l'inscription prise sur l'immeuble lui-même ; à cet effet, on éleva une colonne sur l'immeuble, et sur cette colonne, on inscrivit le nom du créancier et le montant de la somme due. Ce système dura des siècles.

Enfin, de nos jours, on a eu recours à l'inscription à l'aide du numéro d'ordre ; seulement, comme nous l'avons vu, par une singulière interversion d'idée, cette inscription a été prise, non sur l'immeuble, mais sur la personne, et même quelquefois n'a pas été prise du tout.

Nous pourrions multiplier ces exemples à l'infini ; nous nous bornerons à y ajouter le suivant, qui nous a paru plus frappant et plus décisif que tous les autres.

Le Sénat lui-même qui, jusqu'ici, a montré tant de prévention sur cette question, suit pas à pas la même règle dans l'organisation du droit qui lui appartient de discuter les affaires du pays.

C'est d'abord la possession qui est la première preuve du

droit. L'orateur qui est en possession de la parole est en droit de la conserver, et celui qui viendrait l'interrompre, pour la prendre à sa place, commettrait une sorte de violence qui serait promptement réprimée. Si l'orateur qui demande la parole veut assurer son droit d'une manière incontestable, il a soin de se faire inscrire. Lorsque plusieurs orateurs sont inscrits, le droit de chacun est subordonné à son numéro d'inscription, et l'on dit alors : premier inscrit, second inscrit, etc., etc. C'est donc encore ici et toujours l'inscription au moyen d'un numéro d'ordre.

Ainsi, partout où un droit apparaît, partout où nous voyons briller cette lumière qui éclaire nos consciences, il nous suffit d'en détacher un rayon quel qu'il soit, de le faire passer par l'épreuve de ce système, comme à travers un prisme, pour voir ce rayon se décomposer et reproduire nettement et toujours, dans le même ordre, les diverses nuances que nous avons signalées, la possession, l'inscription, et enfin, comme dernier perfectionnement, l'inscription au moyen d'un numéro d'ordre.

Cette coïncidence si générale qu'on la retrouve partout, si exacte et si précise qu'elle ne résulte point d'analogies éloignées ou forcées, mais se produit toujours avec les mêmes caractères et les mêmes nuances, et non point seulement dans l'idée, mais encore dans les expressions, dans les mots, n'est-elle pas un indice frappant de l'existence d'une de ces grandes lois qui gouvernent le monde, qui font sentir partout leur influence, et devant lesquelles l'homme n'a qu'à s'incliner ?

Voilà donc la loi et la formule qui nous sont données par ce que nous avons appelé le plus grand des jurisconsultes. Le législateur les a complétement dédaignées, mais il faut le reconnaître, on lui a rendu dédain pour dédain, car la formule qu'il a imaginée, la transcription, a été repoussée de toutes parts ; il a fallu trouver un mot spécial pour une formalité bizarre ; le mot n'est pas plus passé dans le langage ordinaire que la chose dans les habitudes des populations ; tandis que pour l'inscription nous rencontrons le mot et la chose, pour ainsi dire, à chaque pas.

Cette loi nous ramène forcément à notre point de départ, à une assimilation complète des meubles et des immeubles.

Cette assimilation est la pierre de touche de la vérité de toutes les dispositions qui se réfèrent aux immeubles, c'est une sorte de réactif dont le simple contact dégage promptement le droit de tout alliage étranger et nous le montre complétement épuré.

Ainsi, toutes les fois qu'on voudra s'assurer si une disposition législative relative aux immeubles est fondée ou non sur la vérité, on n'aura qu'à l'appliquer aux meubles et la vérité ou l'erreur ressortiront avec la dernière évidence.

Nous allons faire l'application de cette méthode aux hypothèques légales des femmes mariées et des mineurs.

Ces hypothèques, après de vifs débats qui démontrent bien que la question était douteuse, ont été dispensées d'inscription ; on a pensé qu'une protection leur était due, et qu'il serait dangereux de faire dépendre leurs droits d'une formalité qu'ils ne seraient peut-être pas en état de remplir.

Il y a assurément du vrai dans ce raisonnement. C'est ainsi que par une mesure unanimement approuvée, les femmes, dans les chemins de fer, sont l'objet d'une protection spéciale, et qu'on leur a ménagé des compartiments qui leur sont exclusivement affectés. Mais le droit qui leur est conféré résulte d'une *inscription*, et l'on inscrit sur ces compartiments ces mots : *dames seules ;* cette inscription suffit à les protéger, à écarter tout le monde. Personne, à moins de s'être complétement égaré dans les subtilités de la science, ne s'imaginerait qu'en se dispensant de toute inscription, on les protégerait mieux.

Supposons encore qu'un voyageur ait arrêté une place à la diligence, qu'il soit *inscrit* sur la feuille, et qu'au moment de partir, ou même dans le cours du voyage, on l'oblige à descendre pour céder sa place à une femme qui n'aura pas retenu sa place et ne se sera point fait *inscrire*. Il sera incontestablement choqué de ce procédé, il le trouvera injuste et violent. Tout en reconnaissant que des égards et des protections spéciales sont dus aux femmes, il ne pourra s'empêcher de penser qu'il eût mieux valu les assujettir à la loi commune en prenant quelques précautions pour leur éviter les embarras et les ennuis. Cela eût mieux valu incontestablement pour lui et cela vaudrait même mieux pour elles, car on leur épargnerait ainsi des conflits désagréables où elles ne sont pas toujours sûres de triompher.

Le raisonnement de ce voyageur, dont il est bien difficile de contester l'exactitude, s'applique trait pour trait aux hypothèques légales. Il est d'abord bien évident que la dispense d'inscription est pour les tiers la source des plus graves embarras; c'est ensuite pour les incapables eux-mêmes une source de dangers.

Le législateur, en effet, qui dans les cas ordinaires s'est si fort préoccupé de leur incapacité, les abandonne brusquement à eux-mêmes et leur suppose une capacité transcendante au moment précis où ils ont le plus besoin de direction et d'appui. Ainsi, lorsque la propriété grevée d'hypothèque légale est expropriée, il suffit d'une publication dans un journal pour mettre les incapables en demeure de prendre inscription (art. 696 C. proc.).

Après la dissolution du mariage, les héritiers de la femme ont un an pour inscrire son hypothèque légale. Si elle laisse un enfant mineur que la loi reconnaisse incapable de prendre inscription, il lui faut, s'il veut conserver les droits de sa mère et ne fût-il âgé que de quelques jours, prendre inscription dans l'année.

Cette conséquence a été très-vivement contestée par M. Paul Pont, mais elle a été très-nettement admise par la Cour de cassation dans un arrêt du 2 mai 1866 et acceptée par M. Flandin dans son *Traité sur la transcription*.

Ce sont, on le voit, des résultats vraiment dérisoires et d'autant plus fâcheux que ces cas se présentent très-fréquemment.

Si le législateur avait exigé l'inscription, ces anomalies ne se produiraient pas. Dans le cas de vente par expropriation, les femmes et les mineurs seraient connus et leurs droits respectés: l'hypothèque inscrite au profit de la femme serait transmise à l'enfant, sans formalité nouvelle.

En appliquant ainsi cette méthode à chaque droit, nous rencontrerions les mêmes anomalies; nous allons l'appliquer à l'ensemble de notre législation.

Supposons une grande gare où affluent de nombreux voyageurs avec des effets de toute sorte. Avant le départ on marque chaque objet d'un numéro, puis on remet à chaque voyageur un bulletin portant le numéro des objets qui lui appartiennent. A l'arrivée chacun présente son bulletin, et on lui remet ses effets; le tout avec une rapidité et un ordre admirables.

Quelqu'un s'imaginerait-il de changer cette organisation pour y substituer celle-ci :

D'abord ne pas apposer sur les effets aucun numéro ou marque distinctive pour les reconnaître, par cette fabuleuse raison que cette méthode est trop compliquée, exige beaucoup d'écritures et occasionne beaucoup d'erreurs.

Au lieu de cette méthode qui peut être bonne en Allemagne, mais qui, disent nos jurisconsultes, répugne à la simplicité de notre droit français, transcrire sur un registre au nom de chaque voyageur la copie littérale de la convention qui l'a rendu propriétaire de chaque effet, rappeler minutieusement à qui cet effet a appartenu depuis trente ou quarante ans; rechercher parmi les voyageurs quels sont ceux qui sont ou ne sont pas en état de remplir ces formalités, leur accorder des délais variés suivant leurs aptitudes ou même les en dispenser complétement; rechercher ensuite parmi les effets eux-mêmes ceux dont il doit être fait mention, ceux pour lesquels cette mention sera moins nécessaire et ceux pour lesquels elle sera inutile; établir pour chaque cas des règles particulières et des formalités spéciales.

Vouloir mettre ensuite le tout en harmonie, n'est-ce pas tenter de faire ce qui est au-dessus des forces de l'homme organiser le chaos? Qu'on juge de l'imbroglio à l'arrivée des voyageurs, surtout s'il s'en trouve qui veuillent en tirer parti.

Or c'est exactement là le problème que le législateur a tenté de résoudre; il se condamnait d'avance à un inévitable échec.

Il n'est donc pas étonnant que tous ceux qui ont écrit sur le régime hypothécaire aient commencé par dire qu'il était la partie la plus difficile du droit, et que l'un d'eux (Jordan), qui a eu l'honneur de mériter les éloges de M. Troplong, l'ait présenté comme un chaos d'élémens hétérogènes, de dispositions inexplicables, d'antinomies insolubles ne produisant que tourment pour les interprètes et procès pour les justiciables.

VIII.

Ici se présente naturellement la plus grave des objections qu'on puisse nous faire; on peut nous dire :

Si notre système hypothécaire est tel que vous le présentez, il est absurde et impraticable. Il n'aurait pas existé vingt-quatre heures et il fonctionne, avec beaucoup d'inconvénients peut-être, mais enfin il fonctionne depuis bon nombre d'années.

La réponse est facile.

Le système qui nous régit, en tant que constitutif de droit et translatif de propriété, n'existe pas.

Nous n'essayerons point d'expliquer comment le peuple le plus spirituel de l'univers, et avec lui ses plus savants jurisconsultes, ont pu être si longtemps dupes d'une pareille illusion. Nous devons nous borner à citer les faits qui établissent d'une manière irrécusable ce phénomène véritablement extraordinaire.

En admettant, comme nous l'avons supposé, qu'on ait appliqué aux effets des voyageurs la méthode dont nous nous servons pour les immeubles ou même une autre méthode encore plus extraordinaire, n'est-il pas évident que les inconvénients de la méthode adoptée seraient en grande partie atténués si chaque voyageur gardait en main ses effets? La manifestation résultant de la possession suffirait pour sauvegarder ses droits.

Or c'est ce qui arrive très-exactement pour les immeubles. La possession réelle a constamment accompagné et complété, en le signalant, le droit de propriété. Mais toutes les fois que la possession ne lui est pas venue en aide, le système actuel sur la preuve du droit de propriété et la transmission s'est montré dans sa radicale impuissance.

Depuis que le Code existe, est-il arrivé *une seule fois* qu'un homme prudent ait osé acheter, sur la foi de titres parfaitement en règle, un immeuble dont un tiers qui était en possession se prétendait propriétaire?

Le contraire a lieu fréquemment.

Il arrive souvent que des individus n'ont que des *titres* irréguliers, ou même n'en ont point du tout ; néanmoins leurs voisins qui les voient depuis longues années en paisible possession, leur achètent ou leur prêtent par hypothèque sans la moindre inquiétude.

Il résulte de ce contraste qu'aux yeux de tous, et nonobstant toutes les décisions et toutes les prescriptions du législateur, c'est en réalité la possession qui fait preuve de la propriété, et que là où la possession fait défaut, et pour aussi réguliers que soient les titres, cette preuve n'existe pas.

Le mouvement simultané de la propriété et de la possession a pu faire illusion jusqu'ici, comme pourrait faire illusion un train de chemin de fer à celui qui le verrait pour la première fois et qui pourrait croire que les wagons donnent l'impulsion à la locomotive. Mais il reconnaîtra son erreur lorsqu'il verra la locomotive détachée poursuivre sa marche et les wagons s'arrêter immobiles et inertes.

Cette expérience si décisive, on peut la faire sur notre système de transmission ; on verra que, séparé de la possession et livré à ses seules forces, il ne peut se mouvoir ; que parmi les innombrables transactions qui ont eu lieu depuis l'existence du Code et qui semblent avoir embrassé tous les cas imaginables, il ne s'est *jamais* produit celui dont nous avons parlé, d'une acquisition sérieuse faite sur titres parfaitement en règle, d'un immeuble dont un tiers qui était en possession se prétendait propriétaire. Nous croyons donc pouvoir dire que le système de nos Codes ne recèle pas en lui la force qui déplace la propriété ; il en précède ou suit les mouvements, il ne les détermine pas.

Si donc la propriété immobilière n'a pas été bouleversée de fond en comble, il ne faut pas en faire honneur au système inauguré par nos Codes, mais, comme nous venons de le voir, à la seule possession.

Examinons maintenant ce qu'est en réalité la possession qui joue un rôle si important et si décisif dans la preuve et la transmission de la propriété.

La possession, ici, n'est autre chose que l'inscription elle-même. Que dans un voyage j'inscrive mon nom sur mes effets ou que je les tienne ostensiblement sous la main, j'indiquerai, dans l'un comme dans l'autre cas, que ces effets m'appartiennent ; seulement la possession sera un mode de manifestation moins parfait que l'inscription. La possession peut n'être qu'un accident ; elle est partout et toujours la même et ne peut guère indiquer que le droit de propriété. L'inscription procède toujours d'une intention ; variable à l'infini, elle est susceptible d'indiquer tous les droits avec leurs nuances les plus délicates.

Et réciproquement l'inscription, à son tour, n'est autre

chose que la possession. Ainsi le législateur déclare qu'en fait
de meubles la possession vaut titre, et l'on a décidé, par application de ce principe, que l'apposition du sceau d'une personne sur un objet équivalait pour elle à la possession. Or
l'apposition du sceau d'une personne sur un objet n'est-elle
pas une véritable inscription?

Si le système actuel n'a dû de se maintenir si longtemps
qu'à la possession, si la possession n'est autre chose que l'inscription, il faut en conclure que, par la seule force des choses,
même sous le régime actuel, le système de l'inscription à vir-
tuellement existé, qu'en lui seul résident le mouvement et la
vie.

IX.

En résumé nous trouvons d'un côté un système qui, il est
impossible de le nier, a mérité le reproche d'être tout à fait
impraticable pour la petite propriété et d'avoir complétement
paralysé pour elle les opérations du Crédit foncier.

De l'autre, un système qui a été appliqué avec succès en
Amérique, en Allemagne et dans une grande partie de l'Europe, et qui a, même en France, des adhérents peu nombreux
peut-être, mais qui suppléent au nombre par la persistance de
leurs efforts et l'énergie de leurs convictions. Nous avons cité
MM. Tourangin et Bonjean, nous pouvons citer encore la Faculté de droit de Caen, M. de Robernier, président à la Cour
impériale de Montpellier, M. Loreau, conservateur des hypothèques, puis directeur de l'Enregistrement, M. Wolowski,
membre de l'Institut, professeur d'économie politique.

Or il nous paraît impossible que ce rapprochement ne soit
pas de nature à inspirer quelques doutes, et la question est
trop importante pour qu'on n'essaye pas de les éclaircir.

Pour cela il est assurément bien inutile de prolonger ces
discussions qui n'ont jamais convaincu personne; il faut faire
pour ce cas ce qu'on fait dans les autres circonstances lorsqu'on veut se rendre compte des avantages d'une méthode,
d'une machine, d'un outil, recourir à l'expérimentation.

L'expérimentation offre, en effet, ce double avantage, qu'elle
condamne irrévocablement les fausses théories et fournit aux

théories fondées sur la vérité le moyen de vaincre les obstacles à mesure qu'ils se produisent.

Cette expérimentation doit comprendre naturellement tous les systèmes. Nous allons indiquer sommairement les bases de celui que nous avons nous-même exposé dans un travail [1], où nous avons réfuté une à une toutes les objections dont il nous a été possible d'avoir connaissance.

D'après ce système, la France serait divisée en kilomètres carrés, limités, à chacun de leurs angles, par des bornes semblables à celles qui marquent la distance sur les grandes routes. Cette opération faite, toute la France se trouverait divisée en kilomètres carrés parfaitement distincts et parfaitement limités.

Le plan figuratif de chaque kilomètre serait divisé en degrés et subdivisions de degrés, ayant une grande analogie avec les degrés marqués sur les cartes géographiques, ou mieux encore avec la méthode que les plans de la ville de Paris ont vulgarisée et d'après laquelle on retrouve instantanément la position, soit d'une rue, soit d'un monument.

A l'aide de ces degrés et de leurs subdivisions, on pourrait trouver et désigner instantanément sur le plan figuratif un point quelconque d'un kilomètre carré. Les maisons et les pièces de terre forment des polygones plus ou moins réguliers; en désignant successivement les sommets des divers angles et en les réunissant ensuite par des lignes droites, on se trouverait avoir désigné très-exactement l'immeuble lui-même; et c'est sur cette désignation que tous les droits qui se rapportent à cet immeuble seraient inscrits.

L'expérience devra porter sur un kilomètre carré; si elle est décisive pour ce kilomètre, elle le sera aussi pour tous les autres, car tous les kilomètres carrés sont exactement les mêmes.

On choisira, par exemple, un terrain qui aura été le théâtre d'un grand nombre de mutations et de morcellements, et aura par suite nécessité deux opérations cadastrales. On se reportera à la première de ces opérations et l'on établira, par la méthode que nous proposons, l'état complet de la propriété telle

---

[1] *Le Régime hypothécaire et le sens commun.* Cotillon, éditeur, rue Soufflot, 24, Paris.

qu'elle existait alors en y ajoutant toutes les charges. Puis on indiquera, au fur et à mesure qu'ils se sont produits, tous les changements, toutes les mutations, les hypothèques, les priviléges, les servitudes, tous les droits en un mot qui ont surgi ou ont été concédés, et de manière à arriver à la situation qu'aura constatée la seconde opération cadastrale.

On prendra ensuite chaque parcelle de terre, on la suivra dans ses diverses phases, dans le système que nous proposons et dans celui qui nous régit, et l'on verra, à chacune de ces phases, de quel côté est l'économie, la sécurité, la vérité, avec cette observation importante que le système proposé rend inutile la seconde opération cadastrale, puisque le cadastre sera constamment à jour, ce qui aura pour résultat de décharger définitivement l'État de l'énorme dépense du renouvellement du cadastre à laquelle il faudra bien se résigner tôt ou tard.

Cette expérience démontrera d'une manière palpable :

1° Que contrairement à toutes les assertions qui se sont produites, la dépense à la charge de l'État au lieu de 300 millions, comme on l'a prétendu sans se rendre compte des ressources de la nouvelle organisation, égalera à peine le chiffre qui a été donné par M. Tourangin, comme formant le montant annuel des frais des actions en bornage, lesquelles disparaîtraient sans retour;

2° Qu'il serait possible et facile de laisser à chacun la liberté d'adopter le régime nouveau ou de continuer à se servir de celui qui existe, exactement comme il dépend du détenteur d'un titre au porteur de le convertir en titre nominatif, en sorte que loin d'opérer le moindre bouleversement, la transformation s'opérerait dans la mesure exacte de tous les besoins;

3° Et qu'enfin, au lieu d'un remaniement complet de notre Code, il suffirait, pour faire face à tout, de deux ou trois articles supplétifs.

Ces points de vue n'ont pas encore été, je crois, signalés par personne; il est inutile d'en faire ressortir l'importance; ils réduisent à néant toutes les objections qui ont été présentées.

Si je suis aussi affirmatif, c'est que je parle d'après des expériences que j'ai faites sur le terrain. Je ne me fais pas illu-

sion sur l'autorité qui peut s'attacher aux paroles d'un praticien inconnu ; mais, en définitive, c'est la même autorité que
celle qui s'attache aux paroles d'un ouvrier qui a passé sa vie
à faire mouvoir une machine compliquée et dangereuse, et qui
prétendrait avoir trouvé un mécanisme réunissant la simplification à la sécurité. Est-ce qu'un ingénieur, quel que puisse
être son savoir, refuserait de l'écouter?

Cette nécessité de recourir à l'expérimentation est, elle
aussi, dans la nature des choses. On peut passer en revue
toutes les conquêtes de la science, on n'en trouvera aucune
qui ait été obtenue par la seule force de la discussion; il a
toujours fallu que les faits soient intervenus aux débats et
aient fait aux objections une réponse sans réplique.

Les rapports de l'Académie des sciences sur l'impossibilité
d'appliquer la vapeur à la navigation et à la traction sur les
chemins de fer, sont restés célèbres. Le fusil à aiguille a été
tourné en dérision par un journal spécial, *la Sentinelle*, qui,
ce jour-là, ne fit pas preuve d'une grande vigilance. M. Babinet
a démontré, avec beaucoup de conviction et d'autorité, que le
câble transatlantique ne pourrait pas fonctionner. Il y a toute
apparence que si les Anglais avaient engagé une discussion,
ils auraient été battus par le célèbre académicien; mais ils ont
choisi le véritable terrain de la lutte et ont obtenu une victoire
éclatante.

Ces exemples ne doivent pas être perdus. *Expérience passe
science,* dit la Sagesse des nations, c'est à l'expérience qu'il
faut recourir.

X.

Maintenant cette question est-elle assez importante pour
provoquer toute la sollicitude du législateur? Il semble véritablement oiseux d'insister à cet égard. Est-ce que chacun
des propriétaires qui cultivent le sol de la France n'est pas
exposé d'un moment à l'autre à vendre, à acheter, à prêter ou
à emprunter? N'y a-t-il pas pour chacun d'eux un intérêt de
premier ordre à pouvoir faire ces opérations avec le plus de
facilité et de sécurité possibles? Tout cela semble de la dernière évidence, et cependant, comme si tout ce qui touche à

cette question était fatalement voué à la prévention et à l'erreur, tout cela a été contesté.

Ainsi l'on a prétendu qu'une organisation efficace du crédit foncier était pour le cultivateur un funeste présent; que lui donner le moyen d'emprunter, c'était lui donner le moyen de se ruiner.

Si jamais les emprunts ont été à l'ordre du jour, c'est certainement à notre époque; on peut dire en toute vérité que depuis les plus puissants États jusqu'aux plus humbles individualités, qu'en un mot la société tout entière ne marche que par l'emprunt. Il s'en faut de beaucoup que tous les emprunts soient utiles à ceux qui les contractent; il en résulte souvent pour eux une grande gêne, et quelquefois, par contre-coup, une gêne générale.

Cependant, parmi les diverses catégories d'emprunteurs, il en est une qui n'emprunte que dans des cas de nécessité absolue; qui se libère lentement, mais avec exactitude; qui, alors même que l'emprunt est onéreux pour elle, le fait tourner au profit de l'intérêt général, car le produit en est affecté à l'amélioration du sol. Chose assurément bien singulière! on n'a trouvé rien de mieux que de restreindre pour ce cas les facilités de crédit dont on est si prodigue pour les autres.

Si l'on avait une idée des inconvénients qui en résultent, on ne voudrait, à aucun prix, laisser se prolonger une pareille situation. Nous allons essayer de le démontrer.

Supposons, et malheureusement ce n'est pas là une hypothèse gratuite, supposons qu'un département entier soit ravagé par quelque fléau, comme le fut il y a deux ans, par une inondation, le département de la Lozère. Dans ce département, comme dans les autres, il y aura des riches et des pauvres. Examinons la situation de deux propriétaires, l'un créancier, l'autre débiteur. L'année sera rude pour le premier; il faudra relever des constructions enfouies, combler les ravins, regarnir les pentes dénudées, suppléer à l'absence de toute récolte. Pour faire face aux nécessités de la situation, il aura besoin de toute son énergie; il lui faudra réaliser toutes ses ressources. L'année sera tout aussi rude pour le second; il aura, lui aussi, besoin de toute son énergie et des mêmes ressources, et c'est à lui en ce moment même qu'on sera forcé de demander le remboursement de ce qu'il doit. L'expropriation ne sera que trop souvent le dénoûment obligé de cette situation ; mais que se vendra une propriété dévastée dans un pays ruiné ? Peu de chose, sans doute. La conséquence de tout cela sera la dispersion de la famille, l'abandon, par le cultivateur, des travaux des champs pour les travaux des villes, qui lui offriront des salaires élevés, des institutions de bienfaisance de toute sorte, et la triste satisfaction, au lieu de souffrir isolé et perdu dans les terres, de pouvoir dans les moments de crise, à l'aide des grèves, faire supporter à la société tout entière le contre-coup de ses souffrances.

Sans doute il ne faut pas espérer de pouvoir remédier à tout ; mais il est bien évident que si, dans la mesure des garanties qu'il peut offrir, un facile crédit était mis à la disposition de chaque propriétaire, le mouvement d'émigration des populations des campagnes vers les villes, qui fait depuis quelque temps l'objet des préoccupations générales, trouverait là une cause puissante de ralentissement. Cela vaudrait infiniment mieux que les plus beaux discours sur le bonheur des champs et les exhortations des statisticiens effrayés.

Une autre question qui se présente de temps à autre avec un caractère d'extrême gravité, et qui il y a peu de temps préoccupait vivement les hommes d'État et l'opinion publique, est la question des subsistances. Ce qui contribue ordinairement à en atténuer la gravité, ce sont les approvisionnements qui restent aux mains des propriétaires. Il y a, en effet, chez le propriétaire une tendance bien prononcée, surtout lorsque les denrées sont à vil prix, à les conserver le plus longtemps possible : on peut faire, en effet, une enquête sur une localité quelle qu'elle soit, on verra que partout la quantité de blé conservé est en proportion exacte avec le nombre de propriétaires aisés.

Malheureusement tous ne sont pas en mesure de faire cette opération. La plupart, pour faire face à des besoins pressants ou à des échéances fixes, sont obligés de vendre à tout prix. Il est évident que dans les moments d'abondance ils contribuent ainsi à précipiter les cours à leur grand désavantage et au grand désavantage de l'agriculture. Ceux, au contraire, qui peuvent attendre contribuent par leur abstention à arrêter la baisse, et, en outre, les denrées conservées par eux deviennent, en temps de disette, une ressource précieuse. En arrêtant ainsi tantôt la baisse, tantôt la hausse, ils contribuent à maintenir les cours dans une moyenne également avantageuse aux producteurs et aux consommateurs.

Si un facile crédit était mis à la disposition de tous les propriétaires, ils seraient à peu près tous en état de conserver une partie de leurs récoltes pour les vendre au moment opportun. Il y a en France six millions de propriétaires ruraux, supposons qu'il en résultât pour l'approvisionnement de chacun d'eux un accroissement de 2 hectolitres en moyenne, ce serait pour l'approvisionnement général un accroissement de 12 millions d'hectolitres. La France ne serait pas dans la nécessité de racheter à 30 et 35 francs ce qu'elle a vendu à 15 et 18 francs. On peut même prévoir avec les immenses ressources financières de notre pays que, pour peu qu'il ait d'augmentation dans la moyenne de l'approvisionnement de chaque propriétaire, la France pourrait faire l'opération inverse : acheter à 15 francs pour revendre à 30 francs, et devenir ainsi pour les peuples voisins un grenier d'abondance.

XI.

Les résultats de l'enquête n'ont pas encore été publiés ; mais d'après ce qu'il nous a été donné d'en connaître, le vœu de rattacher à l'inscription cadastrale la preuve de la propriété foncière a été émis bien souvent. Voilà donc les représentants de l'agriculture qui interviennent dans la question, et quelques-uns avec autant d'énergie que de persévérance. On peut citer particulièrement le conseil général et tous les conseils d'arrondissement du département de l'Aisne, qui ne cessent de réclamer depuis un grand nombre d'années.

Ce mouvement est destiné à s'accentuer chaque jour davantage et finira par être irrésistible. Les jurisconsultes ne doivent pas y rester étrangers. On les voit partout ailleurs prendre la direction des idées progressistes et ils persistent, dans le cas qui nous occupe, à maintenir un état de choses reconnu défectueux depuis des siècles, car il a été condamné par Sully et Colbert. On repousse le système de l'inscription parce qu'il est d'origine allemande ; cette raison, que du reste nous croyons avoir réfutée surabondamment, n'est pas digne de l'époque qui a inauguré le libre échange. Pourquoi, en effet, les fruits de l'expérience, les produits des travaux intellectuels ne seraient-ils pas librement, sympathiquement échangés, comme les fruits du sol et les produits de l'industrie ?

Il y a mieux : la réforme que nous sollicitons, nous semble être le corollaire obligé des doctrines libres échangistes. Si par la suppression des droits dits protecteurs, le cultivateur doit entrer dans la lice privé de toute protection, c'est bien le moins qu'il ait la libre disposition de toutes ses forces, qu'on lui remette en main après l'avoir perfectionné autant que possible, ce qui de nos jours, pour les particuliers comme pour les États, est le premier instrument de la lutte, le crédit.

Nous aurions pu invoquer bien d'autres considérations, mais nous croyons en avoir assez dit pour inspirer au moins des doutes sérieux et démontrer qu'une expérience seule peut les éclaircir. Tout le monde sait que ce sont les choses les plus simples auxquelles on pense quelquefois le moins : l'idée de recourir à cette expérience ne viendrait peut-être jamais à personne; nous profitons de l'occasion que nous offrent l'initiative de **MM.** Tourangin et Boujean et les vœux émis dans l'enquête agricole pour appeler sur elle l'attention. Nous sommes profondément convaincu qu'elle résoudrait toutes les difficultés, et tout particulièrement celle de la dépense qui, au lieu de **300** millions, comme on ne cesse de le répéter, pourrait être aisément réduite à un chiffre insignifiant.

Paris. — Imprimerie de Cosset et Cⁱᵉ, 26, rue Racine.